DEUTSCHE AKADEMIE DER WISSENSCHAFTEN ZU BERLIN

VORTRÄGE UND SCHRIFTEN

HEFT 35

WIRKUNGSQUANTUM UND NATURBESCHREIBUNG

Vortrag

gehalten in der Gedenkfeier für Max Planck

am Leibniztage, dem 1. Juli 1948

von

Professor Dr. F. Hund

1949

AKADEMIE-VERLAG BERLIN

Erschienen im Akademie-Verlag GmbH., Berlin NW 7, Schiffbauerdamm 19
Lizenz Nr. 156 · 4936/49 – 4540/48
Gedruckt in der Buchdruckerei Oswald Schmidt GmbH., Leipzig M 118
Bestell- und Verlagsnummer 2003/35
Preis DM 2.50

WIRKUNGSQUANTUM UND NATURBESCHREIBUNG

Wir gedenken heute eines der bedeutendsten Mitglieder dieser Akademie und eines Forschers sehr weitreichender Wirkung. Ich bitte Sie, MAX PLANCK dadurch zu ehren, daß Sie sich mit mir besinnen auf die großen Veränderungen im Denken über die Natur, die aus seinem Werke, der Entdeckung des Wirkungsquantums und der Begründung der Quantentheorie, hervorgegangen sind. Diese Entdeckung hat weit über das Fachgebiet der Physik hinaus gewirkt, und die Wirkung dürfte noch nicht abgeschlossen sein.

KLASSISCHE PHYSIK

Zum allgemeinen Bewußtsein der Menschheit hat die Physik *manchen bedeutenden Beitrag* gegeben. Die Ansicht, daß es in der Welt natürlich zugehe und daß vieles berechenbar sei, konkret vorgestellt in einem mechanistischen Naturbild, wurde gefördert durch die Schaffung der Mechanik im 17. Jahrhundert. Daß es unanfechtbare Wissenschaft gibt, zeigten die Sätze dieser Mechanik. Daß das mechanistische Weltbild eine zu frühe Synthese war, daß der Weg zu einem umfassenden Bilde selbst der unbelebten Natur viel weiter ist, zeigte die Erforschung der nichtmechanischen Gebiete der Physik im 19. Jahrhundert.

Während die vorwissenschaftliche Kunde von der Natur als ganzer noch Mythos war (Gaia gebiert Kronos, Kronos verschlingt seine Kinder), in den Anfängen der Wissenschaft mehr eine Seinslehre als eine Erklärung der Naturerscheinungen gesucht wurde, tauchte eine wissenschaftliche Naturbeschreibung mit allgemeinen Begriffen und Sätzen erst zusammen mit der beginnenden Physik des 17. Jahrhunderts auf. Dieser Anfang der abendländischen Physik war die *Ausbildung einer Mechanik.* Wir wollen uns die Schritte ihrer Entstehung kurz vergegenwärtigen. Sie begann mit der Erkenntnis, daß die Vorgänge am Himmel und auf der Erde den gleichen Gesetzen unterliegen und daß die Bewegungen der Gestirne durch Kräfte verursacht sind – KEPLER hat diese Erkenntnis wohl zuerst gehabt. Der nächste Schritt war die mathematische Beschreibung einfacher Bewegungsvorgänge durch GALILEI und die Prüfung dieser Beschreibung und ihrer Folgerungen an der Erfahrung. Vollendet schließlich wurde die Mechanik in ihren Grundzügen durch die Aufstellung eines Systems von Begriffen (Masse, Kraft und Impuls) und ihre Verknüpfung in Sätzen, mit denen sich auch krummlinige Bewegungen behandeln ließen, durch HUYGENS und NEWTON. Diese Grundlage der Mechanik fand ihre Bewährung in der Deduktion der Planetenbewegung aus dem Gravitationsgesetz.

Diese Mechanik beschreibt und erklärt die Veränderungen in der Natur durch Bewegungen von Körpern. Sie achtet also auf die Lageveränderungen der Körper; diese Lageveränderungen geschehen nach Maßgabe der Geschwindigkeiten; die Mechanik führt die Änderungen der Geschwindigkeiten zurück auf Kräfte zwischen den Körpern und sieht diese Kräfte an als bedingt durch die Anordnung der Körper. Am Beispiel der Planetenbewegung: ohne Einfluß von außen würde der Planet geradlinig mit gleicher Geschwindigkeit weiterfliegen; die Anziehungskraft zwischen Sonne und Planet biegt seine Bahn nach der Sonne hin, und aus diesem Wechsel von Anziehung und Beharrung entsteht die Bahn des Planeten, noch ein wenig beeinflußt durch die schwache Anziehung der übrigen Planeten. Das mathematische Mittel zur Durchführung dieser Beschreibung ist die Differentialgleichung. Durch die augenblickliche Anordnung im mechanischen System sind die Änderungen der Geschwindigkeiten, also die Änderungen des augenblicklichen Zustandes bestimmt; daraus läßt sich (durch „Integration" der Bewegungsgleichungen) die Bewegung berechnen. Die genaue Kenntnis aller Örter und aller Geschwindigkeiten in irgendeinem Augenblick bestimmt eindeutig die Zukunft des mechanischen Systems; *die Zukunft ist durch die Gegenwart determiniert.*

Nach diesem Denkschema der Mechanik dachte man sich vielfach alles Naturgeschehen ablaufen. HUYGENS sprach aus, daß eine andere Möglichkeit, in der Physik etwas zu verstehen, nicht bestünde, und auch der junge HELMHOLTZ glaubte noch an die Zurückführbarkeit der ganzen Physik auf Mechanik.

Die Ausformung der Mechanik hat so zu dem Anspruch eines einheitlichen Naturbildes geführt; die Physiker hofften mehr oder weniger, einmal die ganze Naturwissenschaft ihm einordnen zu können. Die Erforscher des Lebendigen hatten wohl nur zum Teil diese Hoffnung.

Die Erforschung vieler Gebiete der Physik und ihre gedankliche Verarbeitung im 19. Jahrhundert führte nun mehr und mehr zu der Erkenntnis, daß der *Bereich der Physik größer* sei *als der der Mechanik*, daß also die Naturbeschreibung nach dem Schema der Mechanik selbst für die unbelebte Natur zu eng sei. Vor allem war es die Erforschung der elektromagnetischen Erscheinungen, die zu einer anderen Vorstellungs- und Denkweise für das physikalische Geschehen führte. FARADAY erfaßte das elektromagnetische Geschehen durch Vorgänge in einem elektromagnetischen Feld. Das durch mathematische Verschärfung aus diesen Vorstellungen entstandene Denkschema achtet auf die an Ort und Stelle bestehenden Werte von Feldgrößen. Diese Werte ändern sich mit der Zeit unter dem Einfluß der Werte der Feldgrößen an den Nachbarstellen. Ein Beispiel ist die Lichtwelle: ein von Ort zu Ort verschiedenes elektromagnetisches Feld führt zu einer zeitlichen Veränderung der elektromagnetischen Feldgröße an jeder Stelle, diese veränderten, auch von Ort zu Ort verschiedenen Feldgrößen führen wieder zu zeitlichen Veränderungen und so fort. Das mathematische Mittel zur Bewältigung dieser Verknüpfungen ist die partielle Differentialgleichung. Hier ist die Zukunft eindeutig bestimmt durch die Werte aller Feldgrößen in einem bestimmten Augenblick.

Das Beispiel der Schallwelle zeigt, daß es Vorgänge gibt, die zugleich der Beschreibung durch Mechanik und durch Feldtheorie zugänglich scheinen. Die Schallwelle ist aber ein mechanischer Vorgang, und die Beschreibung durch das Feld ist nur eine Folgerung aus der mechanischen Beschreibung, wenn man die molekulare Struktur durch ein Kontinuum idealisiert. Bei der Lichtwelle und beim elektromagnetischen Feld überhaupt glaubte man zunächst auch, sie ließen sich auf Mechanik zurückführen. Man hat diese Bemühungen aber bald aufgegeben. So stand die Feldphysik schließlich gleichberechtigt neben der Mechanik.

Der geschilderte Übergang von der Mechanik zu einer umfassenderen Physik hat einen wesentlichen Punkt in der Ansicht von der Natur ungeändert gelassen. *Die Natur wurde gedacht als eine objektive*, von unseren Beobachtungen unabhängige *Außenwelt, der die Eigenschaften, die wir in der Beschreibung der Veränderungen in Raum und Zeit fassen, wirklich zukämen.* Farbe, Geruch usw. galten als abgeleitete Qualitäten, aber Örter, Geschwindigkeiten, Feldgrößen wurden als objektiv auch dann vorausgesetzt, wenn man sie nicht durch Messung bestimmte.

Die Erweiterung physikalischer Erkenntnis im 19. Jahrhundert führte dazu, daß die Physik bestimmte *vollendete Theorien* absetzte: Zu der schon vollendeten Mechanik, die die Zusammenhänge von Kräften mit Bewegungen faßte, kam die Elektrodynamik, die elektrische und magnetische Felder, elektrische Ladungen und Ströme verknüpfte, und die Thermodynamik, die von Temperatur und Wärme handelte. Diese Theorien schienen zunächst Lehren der Erklärung bestimmter Erscheinungsgebiete zu sein (Bewegungen, elektrische und magnetische Vorgänge, Wärmeerscheinungen). Man erkannte sie aber auch mehr und mehr als verschiedene Arten der Naturbeschreibung. Sie erschienen so endgültig, daß um die Wende des 19. zum 20. Jahrhundert der Gedanke auftauchen konnte, man hätte die grundlegenden Gesetze der physikalischen Naturbeschreibung bereits erfaßt, und es gäbe auf dem Gebiete der Physik nichts grundsätzlich Neues mehr zu entdecken.

Vor dieser Erstarrung wurde aber die Physik bewahrt durch den Fortgang der experimentellen Forschung, die sich gerade damals wirksame neue Mittel schuf. Es erschien möglich, die Äußerungen der Atome und Molekeln selbst in den Bereich des Erfahrbaren zu ziehen. Die theoretische Durchdringung dieser Erfahrungen überzeugte schließlich die Physiker, daß die bisherigen Theorien (etwa Mechanik, Elektrodynamik und Thermodynamik) nur vorläufige Denkschemata waren, zwar in sich richtig, auch auf die gröberen Erscheinungen mit großem Erfolg anwendbar, auf die feineren Vorgänge aber nicht immer anwendbar. Zu der bisherigen Physik, die man in ihrer theoretischen Fassung jetzt die „klassische Physik" nennt, trat eine „neuere Physik".

QUANTENTHEORIE

Im Anschluß an die experimentelle Forschung mit der Kraft sehr allgemeinen Denkens und ganz tiefem Blick für die allgemeinsten Eigenschaften der Natur entdeckte Max Planck das *Wirkungsquantum. An diesem Wirkungsquantum zeigte sich, daß die bisherigen Theorien der Physik noch keine ausreichende Grundlage zur Beschreibung der Ordnung der physikalischen Erscheinungen boten.* Wie gesagt, die bisherigen Theorien wurden nicht falsch, aber die Bedingtheit ihrer Voraussetzungen wurde erkannt.

Machen wir uns kurz klar, an welchen Stellen der Erfahrung das Wirkungsquantum sichtbar wird. Planck sah es in der Strahlung eines schwarzen Körpers. Diese besteht aus Lichtwellen; die Wellen hoher Schwingungszahl kommen aber in geringerer Intensität vor, als man nach bewährten und unausweichlich scheinenden Sätzen berechnen kann. Mit der diesen Sätzen widersprechenden Annahme, daß die Energie einer Lichtwellen aussendenden Schwingung ein ganzzahliges Vielfaches einer der

Schwingungszahl ν proportionalen Energiestufe $h\nu$ wäre,

$$E = n \cdot h\nu,$$

konnte PLANCK die Verteilung der Intensität auf die Schwingungszahlen genau ausrechnen. Man sah bald, daß beim Wärmeinhalt (Energieinhalt) der Körper die entsprechende Erscheinung auftrat, daß die Schwingungen hoher Schwingungszahl zum (experimentell bestimmten) Wärmeinhalt zu wenig beitrugen, und konnte diese Schwierigkeit in gleicher Weise fassen. Die weitere Tatsache, daß Licht hoher Schwingungszahl chemisch wirksam ist, während bei niedriger Schwingungszahl und noch so großer Intensität die Wirkung ausbleibt, konnte ebenfalls durch Einführung des Wirkungsquantums h gefaßt werden. EINSTEIN, von dem diese Erkenntnisse stammten, sah darin Hinweise dafür, daß sich bestimmte Eigenschaften des Lichtes durch die Annahme von *Lichtteilchen* verstehen ließen. Wegen des Widerspruchs zu den experimentell gut gesicherten Welleneigenschaften des Lichts konnte aber diese Auffassung zunächst nicht weitergebildet werden.

Deutliche Hinweise auf die Rolle des Wirkungsquantums in der Natur gab die Erforschung des Atombaues und der Spektrallinien. Nach RUTHERFORD war das Atom eine Art Planetensystem. Während aber ein Planet von der Sonne beliebigen Abstand haben konnte, zeigte die Natur (wegen der Gleichheit der Atome eines bestimmten Elements) für den Grundzustand des Atoms eine ganz bestimmte Atomgröße. Die von BOHR 1913 begonnene Einführung von h (etwa in der Form: der Drehimpuls des Grundzustandes eines Atoms mit einem Elektron ist $h/2\pi$) gab nicht nur die richtigen Atomgrößen, sondern erlaubte, die vielen genau gemessenen Spektrallinien zahlreicher Elemente zu deuten und zum Teil richtig auszurechnen. Diese Deutung der Spektrallinien machte klar, in welcher Weise die anschauliche Beschreibung der Bewegungsvorgänge im Atom versagte, und es bildeten sich aus der Erfahrung entnommene Regeln für die Abänderung dieser Beschreibung. Ihre Verschärfung führte (HEISENBERG

1925) zu einem strengen Rechenschema, das sich als exakte Grundlage für die Theorie der atomaren Vorgänge erwies; es fehlte aber, sozusagen, zunächst noch das allgemein-physikalische Verständnis dieses Rechenschemas. Man konnte zwar richtig und erfolgreich rechnen; man wußte aber noch nicht, was es eigentlich im einzelnen bedeutete.

De Broglie versuchte (1924) die Quantenerscheinungen zu verstehen, indem er die Annahme machte, daß die Bewegungen der Elektronen im Atom Wellenerscheinungen seien. Während also Einstein beim Licht neben den bekannten Welleneigenschaften die Teilcheneigenschaften gesehen hatte, sah nun De Broglie bei der Materie neben den bekannten Teilcheneigenschaften auch Welleneigenschaften. Schrödinger gab (1926) mit Hilfe der Wellenvorstellung ein strenges Rechenschema, das sich bald als mit dem Heisenbergschen übereinstimmend erwies. Auch hier konnte man richtig rechnen und wußte nicht recht, was man eigentlich tat. Nach dieser Aufdeckung der Welleneigenschaften der Materie neben den Teilcheneigenschaften konnte die allgemeine und eigentliche Bedeutung des Wirkungsquantums rasch aufgeklärt werden. Sie läßt sich (etwa seit 20 Jahren) folgendermaßen aussprechen.

Die Experimente zwingen zu der Annahme, daß die Körper, insbesondere auch deren Atome, aus Elementarteilchen (Protonen, Elektronen usw.) bestehen. Wenn der Physiker auf dieses *Teilchenbild der Materie* das Denkschema der klassischen Mechanik der Massenpunkte anwendet (das muß er ja tun) und es damit als anschauliches Teilchenbild durchführt, so kommt er an vielen Stellen mit den Experimenten in Widerspruch; er hat es in unanschaulicher Weise abzuändern, dabei wird das Plancksche Wirkungsquantum h eingeführt. Solange, wegen der Grobheit der Vorgänge, das Wirkungsquantum unbeachtet bleiben kann, gelten die Folgerungen des anschaulichen Teilchenbildes exakt, und es besteht kein Anlaß, das klassische Denkschema zu ändern.

Andere Experimente zwingen zu der Annahme, daß die Materie durch ein Feld beschrieben wird, das in besonderen Fällen die Form einer Welle hat. An Interferenzerscheinungen kann man die Wellennatur erkennen. Wenn man auf dieses *Feldbild der Materie* das Denkschema einer „klassischen Feldtheorie“ (der Theorie des elektromagnetischen Feldes nachgebildet) anwendet und es damit als anschauliches Feldbild durchführt, so kommt man an vielen Stellen mit den Experimenten (oder geläufigen Erfahrungen) in Widerspruch; man hat es in unanschaulicher Weise abzuändern; dies geschieht unter Einführung des Wirkungsquantums. Solange wegen der Grobheit der Vorgänge das Wirkungsquantum unbeachtet bleiben kann, gelten die Folgerungen des anschaulichen Feld- oder Wellenbildes exakt. Ein rein klassisch anschauliches Feldbild der Materie ohne Blick auf die Quantentheorie ist nicht ausgebildet worden, da die Feld- oder Wellennatur der Materie erst 25 Jahre nach dem Wirkungsquantum entdeckt wurde. Möglich gewesen wäre auch der andere Gang der Entdeckungsgeschichte, daß ein genialer Experimentalphysiker die Materiewelle vor dem Wirkungsquantum gesehen hätte.

Wir treiben jetzt nicht Entdeckungsgeschichte, sondern wir blicken auf die inzwischen vollendete *Quantentheorie* zurück. Im Rückblick erscheint diese als das System der Begriffe und Sätze, die angeben, wie das anschauliche Teilchenbild in seiner Anwendung begrenzt ist und wie es unanschaulich abzuändern ist, um die Erfahrungstatsache zu fassen, daß die Materie auch Welleneigenschaften zeigt, weiter der Sätze, die angeben, wie das anschauliche Feld- oder Wellenbild in seiner Anwendung begrenzt ist und wie es unanschaulich abzuändern ist, um die Erfahrungstatsache zu fassen, daß die Materie ja auch aus Elementarteilchen besteht. Was aber für die Materie gesagt wurde, gilt entsprechend für das Licht. *Die Quantentheoire gibt in exakter Weise an, wie Teilchenvorstellung und Wellenvorstellung sich gegenseitig begrenzen und wie Teilcheneigenschaften und Welleneigenschaften ohne Widerspruch nebeneinander existieren können*, allerdings unter Verzicht auf die Vereinigung der beiden Vorstellungen im anschaulichen Sinne.

Der Widerspruch des klassischen Teilchenbildes mit bestimmten Erfahrungen tritt auf, wenn man dieses Bild als anschauliche Beschreibung der Vorgänge in Raum und Zeit bei allen Fragestellungen ins einzelne durchführt. Der Widerspruch des klassischen Wellenbildes mit bestimmten anderen Erfahrungen tritt entsprechend auf, wenn man dieses Bild als anschauliche Beschreibung der Vorgänge in Raum und Zeit bei allen Fragestellungen ins einzelne durchführt. *Die quantentheoretische Beschreibung zeigt diese Widersprüche mit der Erfahrung nicht.* Die Fragestellungen, die in den klassisch-anschaulichen Denkschematen zu den Widersprüchen führen, treten in der Quantentheorie gar nicht erst auf.

Die klassische Mechanik muß die Voraussetzung machen, daß die Örter und Geschwindigkeiten der Körper eines mechanischen Systems in jedem Augenblick bestimmte Werte haben (auch wenn sie nicht gerade durch Messung festgestellt werden); anders ist die anschauliche Vorstellung von Bewegungen nicht möglich. Eine genaue Analyse der Vorgänge bei solchen Orts- und Geschwindigkeitsmessungen unter Berücksichtigung der Wellen- und der Teilcheneigenschaften zeigt, daß es prinzipiell nicht möglich ist, den Ort und die Geschwindigkeit eines Teilchens gleichzeitig genau zu messen. Die Geschwindigkeitsmessung fällt notwendig um so ungenauer aus, je genauer der Ort bestimmt wird, und umgekehrt. Die Quantentheorie enthält darum den (unanschaulichen) Satz, daß Ort und Geschwindigkeit nicht gleichzeitig genau bestimmt sind (weil neben den Teilcheneigenschaften auch die Welleneigenschaften der Materie bestehen). Die quantentheoretische Beschreibung könnte die gleichzeitige genaue Bestimmtheit von Ort und Geschwindigkeit gar nicht ausdrücken; die Frage nach den genauen gleichzeitigen Werten dieser Größen kann darum nicht auftreten.

Die klassische Elektrodynamik muß die Voraussetzung machen, daß die elektrischen und magnetischen Feldstärken in jedem Augenblick bestimmte Werte haben (auch wenn sie nicht durch Messung festgestellt sind); anders ist die anschauliche

Vorstellung von Feldern nicht möglich. Die Quantentheorie enthält aber den (unanschaulichen) Satz, daß diese Größen nicht alle gleichzeitig genau bestimmt sind (weil das elektromagnetische Etwas neben den Feldeigenschaften auch Teilcheneigenschaften hat). Die quantentheoretische Beschreibung könnte die gleichzeitige genaue Bestimmtheit der in der klassischen Beschreibung auftretenden Feldgrößen gar nicht ausdrücken; die Frage nach den genauen gleichzeitigen Werten kann darum nicht auftreten.

Mit der Aufstellung der Quantentheorie sind nicht etwa die klassische Mechanik und die klassische Elektrodynamik ungültig geworden. Beide sind immer noch in sich streng folgerichtige Denkschemata mit jetzt klar erkannten Voraussetzungen, und sie sind für die Erfahrung gültig, soweit ihre Begriffe sich anwenden lassen. Aber sie lassen sich nur anwenden, wenn die oben erwähnte Unbestimmtheit wegen Kleinheit vernachlässigt werden kann.

Wenn Widersprüche zwischen einer gut begründeten Theorie und der Erfahrung oder zwischen zwei gut begründeten Theorien auftreten, so kann das verschiedene Ursachen haben. Es könnte sein, daß ein Denkfehler gemacht wurde, das kommt wohl auch mal vor. Es könnte auch sein, daß einige spezielle Voraussetzungen der Theorie nicht richtig waren; dann sind diese eben zu ändern. Hier bei den Quantenerscheinungen lag etwas viel Tieferes zugrunde. Die Widersprüche und ihre Behebung zeigten, daß *eine ganz allgemein gemachte Voraussetzung der Naturbeschreibung unrichtig* war, *nämlich die Behauptung, die Vorgänge seien im einzelnen als anschauliche in Raum und Zeit beschreibbar.*

Für uns Physiker ist das eine *Aussage über die objektive Außenwelt.* Die klassische Physik nahm (ich sagte es schon) an, daß es eine objektive (von unseren Messungen unabhängige) Außenwelt gäbe, der die Quantitäten, mit denen die Physik die Veränderungen in Raum und Zeit beschrieb, auch wirklich zukämen. Örter, Geschwindigkeit, Feldgrößen, die die klassische Physik benutzte, wurden als objektiv vorhanden angesehen. Auch nach Abschluß der Quantentheorie glauben wir an die Erkennbarkeit einer objektiven Außenwelt; aber die Eigenschaften dieser objektiven Welt fassen wir nicht mehr in den Begriffen der klassischen Physik, die man immer noch als die Begriffe einer Art „reiner Anschauung“ ansehen muß, sondern in den abstrakten Begriffen und mathematischen Gebilden der Quantentheorie. *Diese Eigenschaften der objektiven Welt sind nicht genau die Eigenschaften, die ein anschaulich in Raum und Zeit beschreibbares Geschehen hat.*

Was ich eben zu schildern versuchte, war die Art, wie wir nach Abschluß der Forschungen die Bedeutung des Wirkungsquantums verstehen: als begrifflich strenge, aber anschaulich nicht vollziehbare Vereinigung der Teilchenvorstellung und der Wellenvorstellung bei Licht und Materie. Die damalige Forschung selbst ging recht verschlungene Wege. Beim Licht wurde die Teilchennatur (neben der lange bekannten Wellennatur) wenige Jahre nach PLANCKS Entdeckung gesehen. Der Weg der begrifflichen Vereinigung wurde aber nicht gefunden. Bei der Materie wurde eine mathematisch strenge und im Prinzip ausreichende Fassung der Sätze gefunden ohne Kenntnis der Wellenvorstellung durch Abänderung des anschaulichen Teilchenbildes unter dem Zwange der Experimente. Das Wellenbild andererseits regte eine andere mathematisch strenge und im Prinzip ausreichende Fassung der Sätze an, ohne daß man gleich sah, in welcher Weise das Teilchenbild damit gefaßt war. Die Quantentheorie wurde also nicht etwa entdeckt als eine Art Synthesis zu einem Teilchenbild (als Thesis) und einem Wellenbild (als Antithesis); sie konnte hinterher so verstanden werden. Forschung kann ja überhaupt sich nicht so einfacher Schemata bedienen.

Einige *Folgerungen aus der Quantentheorie* mögen dazu dienen, den allgemeinen Charakter ihrer Sätze zu erläutern. Während man in den ersten Jahren nach der PLANCKschen Entdeckung häufig noch glaubte, das rätselhafte Wirkungsquantum könnte irgendwie einmal als eine Folge des atomistischen Baues der Materie verstanden werden, zeigte die Entwicklung, daß umgekehrt die *Existenz der Atome* eine *Folge* des Wirkungsquantums, nämlich der „Komplementarität" der Teilchen- und der Welleneigenschaften war. Schon Kant zeigte in seiner zweiten Antinomie der reinen Vernunft, welcher Widerspruch auftreten kann zwischen der Denknotwendigkeit, die Materie aus kleinsten Teilchen aufgebaut zu denken, und der anderen Notwendigkeit, den Bau dieser Teilchen zu untersuchen. Solche Antinomien deuten auf die Unvollkommenheit der Begriffe, mit denen wir die Erscheinungen zu begreifen suchen. Die Quantentheorie löste die Antinomie des Atomismus in sehr schöner Weise: Das Atom sollte ursprünglich der letzte Elementarbaustein sein, nach dessen Zusammensetzung zu fragen zunächst nicht sinnvoll erscheinen konnte. Jetzt ist das Atom (ungefähr) derjenige Baustein der Materie, aus dem sie sich noch in anschaulicher Weise zusammengesetzt verstehen läßt, aus dem sie sich mit den Vorstellungen der klassischen Physik aufgebaut denken läßt. Für den Bau des Atoms selbst läßt sich die klassische Physik nicht mehr verwenden; im Atom ist die mit dem Wirkungsquantum zusammenhängende Unbestimmtheit nicht mehr vernachlässigbar klein; da müssen Teilchen- und Wellenbild beachtet werden. Wenn wir einerseits vom Bau der Körper aus Atomen sprechen, andererseits vom Bau des Atoms aus Kern und Elektronen, so verwenden wir zwei etwas verschiedene Begriffe mit dem einen Worte Bau, im ersten Fall einen Begriff der klassisch-anschaulichen Physik (die Materie ist aus Atomen aufgebaut etwa so wie ein Haus aus Steinen), im zweiten Fall einen quantentheoretischen Begriff (der Bau eines Atoms aus Kern und Elektronen bedeutet nur entfernt ähnliches wie der Bau eines Hauses aus Steinen). Die Atome sind nicht letzte, unteilbare Bausteine der Materie, sondern Bausteine, deren eigener Bau nicht mehr in klassisch-anschaulicher Weise beschrieben werden kann. Die Größe der Atome ist gerade dadurch bestimmt, daß bei Kenntnis der Energie der Ort der Elektronen im ganzen Atombereiche unbestimmt ist. Warum sind die Atome so klein? Wir antworten lieber umgekehrt: die sinnlich wahrnehmbaren Körper sind im Vergleich zum Atom so groß, weil sinnlich Wahrnehmen an die anschauliche Beschreibbarkeit geknüpft ist, also nur in Bereichen möglich ist, für die das Wirkungsquantum als zu klein vernachlässigt werden kann.

Durch die Quantentheorie erhielt das *Verhältnis von Physik und Chemie* eine neue Beleuchtung. Das Atombild der Chemiker war ein anderes als das der Physiker. Für den Chemiker war das Atom ein Gebilde, dessen Oberfläche der Sitz eigenartiger „chemischer Kräfte" war, die durch die bekannten Demonstrationsmodelle der Kugeln mit Haken daran gar nicht so schlecht wiedergegeben wurden. Die Zusammensetzung der Atome zu Molekeln, besonders zu den großen Molekeln der organischen Chemie, konnte man sich recht anschaulich vorstellen. Für den Physiker aber war das Atom mehr und mehr ein System kleiner Elementarteilchen geworden. Er hatte nun das Bedürfnis, die chemischen Erscheinungen physikalisch zu verstehen, also aus allgemein bewährten Grundgesetzen herzuleiten. Man konnte die Frage stellen, ob eine solche Zurückführung der Chemie auf die Physik möglich wäre. Die Zurückführung konnte als Hoffnung ausgesprochen oder für unwahrscheinlich gehalten werden. Die Quantentheorie gab beiden Erwartungen in gewissem Sinne recht. Es ist heute klar, daß die klassische Physik die chemischen Erscheinungen nicht verstehen kann (weil sie schon das Atom nicht ganz versteht), daß aber eine durch die Quantentheorie erweiterte Physik die Grundgesetze der Chemie mit enthält. Im Stadium vor der Vereinigung hatte gewissermaßen der Chemiker mehr vom Wellenbild, der Physiker mehr vom Teilchenbild der Materie erkannt.

Eine wichtige Folgerung aus der Quantentheorie ist die Veränderung der Vorstellung von der *kausalen Determinierung des Geschehens.* In der klassischen Mechanik war die Zukunft eines mechanischen Systems eindeutig berechenbar, wenn die Örter und Geschwindigkeiten seiner Bestandteile im gegenwärtigen Augenblick bekannt waren. In der klassischen Elektrodynamik war die Sachlage im Prinzip ähnlich. Nach der Quantentheorie ist es im Prinzip unmöglich, Örter und Geschwindigkeit gleichzeitig ganz genau zu kennen. Der Satz von der Determinierung der Zukunft durch die Gegenwart ist infolge der veränderten Voraussetzung nicht mehr voll anwendbar. Er gilt nur in gewisser Näherung. Im Zusammenhang damit erscheint uns die Beschreibung der Natur mit physikalischen Begriffen überhaupt nicht mehr so lückenlos und nicht mehr als die einzig wissenschaftlich mögliche wie den Physikern des 17.–19. Jahrhunderts.

Die Frage nach dem *Verhältnis von Physik und Biologie*, nach der Beschreibbarkeit der Lebensvorgänge mit den exakten Begriffen der Physik wird neu gestellt. Schon eine oberflächliche Betrachtung (man muß einen Organismus töten, wenn man ihn ganz mit physikalisch-chemischen Mitteln untersuchen will) zeigt, daß hier ähnliche Antinomien auftreten, wie sie vorhin innerhalb der Physik betrachtet wurden. Man wird nicht gleich erwarten, daß sie in ähnlicher Weise gelöst werden. Der wissenschaftliche Forscher, der Physiker wie der Biologe, wird sich auch zunächst zurückhalten, hier eine umfassende Antwort zu versuchen. Beide werden von dem ihnen vertrauten Bereiche aus mit verläßlichen Mitteln vorstoßen und das Grenzgebiet sorgfältig untersuchen. Zur Zeit sind beide Wissenschaften dabei, große Bereiche von Vorgängen in lebendigen Wesen, vor allem im Innern der Zellkerne, mit physikalischen Begriffen zu begreifen, also den Bereich des physikalisch Faßbaren zu erweitern; aber die Biologie ist auch dabei, mit den ihr eigentümlichen, nicht physikalischen Denkformen, neue Erkenntnisse zu gewinnen und zu ordnen.

Man darf die Hoffnung haben, daß die Physik, die in ihrem eigenen Bereich eine ganz neuartige erkenntnistheoretische Situation mit ihren eigenen, also mit exakten Mitteln hat meistern können, da als *Vorbild* benutzt werden kann, wo in anderen Wissenschaften erkenntnistheoretische Situationen auftreten, die denen in der Physik ähnlich sind. So könnte einmal die Quantentheorie als Ansatz (wenigstens) einer umfassenderen Naturwissenschaft, als es die heutige ist, gesehen werden.

Für die Physik bedeutete die mit Plancks Entdeckung anhebende Quantentheorie die Möglichkeit, viele bisher nur zum Teil verstandene Erscheinungen genau zu verstehen und auf Grund dieses Verständnisses im Experiment neue fruchtbare Fragen zu stellen. In die vollendeten Gebiete der theoretischen Physik sind so einbezogen worden: der Bau des Atoms, der Aufbau der Molekeln aus Atomen und die Valenzregeln der Chemie, der Bau der Kristalle, die Eigenschaften des metallischen Zustandes und viele Erscheinungen der physikalischen Chemie. Hier genügte im wesentlichen die bisherige Kenntnis, die quantentheoretische Deutung und die auf diesem Boden gewachsene Weiterforschung. Bei der Physik der Kerne mußten zur bisherigen Kenntnis und zur Quantentheorie noch neuartige grundlegende experimentelle Entdeckungen kommen. Die Bedeutung des Wirkungsquantums und seine begriffliche Fassung sehen wir seit ein bis zwei Jahrzehnten als abgeschlossen an. *Die heutige lebendige physikalische Grundlagenforschung ist schon nicht mehr Ausbau der Quantentheorie;* soweit in Deutschland bekannt, ist sie vielmehr weitgehend Kernphysik, in ihrem theoretischen Teil der Versuch, die Kräfte im Atomkern und die Natur der Elementarteilchen zu verstehen.

Wissenschaftliche Entdeckungen wirken zunächst auf die Technik. Die Quantentheorie ist in großem Umfange benutzt in der physikalisch-chemischen Großtechnik, im Aufsuchen von Ersatzstoffen, im Ausdenken von Kunststoffen, in der elektrischen Industrie, die mehr und mehr die feinen atomaren Vorgänge ausnützt, und in der Herstellung neuer Leuchtmittel. Wissenschaftliche Entdeckungen sind aber nicht nur durch die Technik wirksam. *Sie wirken in mächtiger Weise auch auf das allgemeine Bewußtsein der Menschheit.* Während die Physik des 17. und 18. Jahrhunderts ein bestimmtes eindrucksvolles Naturbild lieferte, hat die Quantentheorie dieses zunächst eingeschränkt, aber auch Hinweise gegeben zu seiner Erweiterung und Ansätze zu einem umfassenderen. Die Quantentheorie hat uns viel gelehrt darüber, wie menschliches Denken vorschreitet, wie Erkenntnis sich als zu eng erweist und in exakter Weise erweitert wird, wie Widersprüche verschwinden, wenn unvollkommene Begriffe durch vollkommene ersetzt werden. Die Physik hat in den letzten Jahrzehnten den ihren bisherigen Denkmitteln zugänglichen Bereich in exakter Weise abgegrenzt; sie ist aber auch mit neuen exakten Denkmitteln über diesen Bereich hinausgeschritten, so zu einer umfassenderen Naturwissenschaft durchstoßend. Die Physiker wissen, daß die Physik nur eine der Wissenschaften ist, die zum allgemeinen Bewußtscin beitragen; aber sie schätzen diesen Beitrag auch nicht gering ein; und zu ihm gehört maßgeblich die PLANCKsche Entdeckung.

Zu dem allgemeinen, durch Wissenschaft beeinflußten Bewußtsein, von dem ich sprach, gehört auch so etwas wie eine *wissenschaftliche Haltung*. Wenn die Technik, die eng begrenzte Sachaufgaben löst, oft zerstört und in Katastrophen führt, so könnte die wissenschaftliche Haltung, die den eigenen begrenzten Standpunkt erkennt, sich über ihn zu erheben sucht und ihn zu einem umfassenderen zu erweitern trachtet, dazu berufen sein, zur Ordnung in der Verwirrung der Gegenwart beizutragen.

PLANCK hat nicht nur bei seiner verantwortungsvollen Tätigkeit in wissenschaftlichen Vereinigungen so ordnend gewirkt; er hat vor allem seine wissenschaftliche Arbeit diesem Ziele dienend gesehen.

DIE „VORTRÄGE UND SCHRIFTEN" WENDEN SICH AN DIE WEITEN KREISE DERER, DIE AN WISSENSCHAFTLICHER FORSCHUNGSARBEIT ANTEIL NEHMEN

Erschienen:

Die Maßstäbe des Kosmos
Von Prof. Dr. H. Kienle — Heft 24 · 30 Seiten · Preis DM 1.50

Genuß und Betäubung durch chemische Mittel
Von Prof. Dr. Wolfgang Heubner — Heft 25 · 40 Seiten · Preis DM 2.—

Über das Naturrecht
Von Prof. Dr. Heinrich Mitteis — Heft 26 · 48 Seiten · Preis DM 2.75

Ranke und Burckhardt
Von Prof. Dr. Friedrich Meinecke — Heft 27 · 36 Seiten · Preis DM 2.50

Pflanzenphysiologische Bodenkunde
Von Prof. Dr. Eilh. Alfred Mitscherlich — Heft 28 · 24 Seiten · Preis DM 2.—

Über physikalisch-chemische Modelle von Lebensvorgängen
Von Prof. Dr. K. F. Bonhoeffer — Heft 29 · 20 Seiten · Preis DM 2.—

Die Ertragsgesetze
Von Prof. Dr. Eilh. Alfred Mitscherlich — Heft 31 · 42 Seiten · Preis DM 2.75

Das Leitmotiv der geotektonischen Erdentwicklung
Von Prof. Dr. Hans Stille — Heft 32 · 28 Seiten · Preis DM 2.50

Düngungsfragen
Über die genaue Ermittlung der notwendigen Düngungsgaben an Phosphorsäure und Kali und über das Problem der Stickstoffdüngung
Von Prof. Dr. Eilh. Alfred Mitscherlich — Heft 33 · 24 Seiten · Preis DM 1.75

In Vorbereitung:

Die Ausgestaltung der Organismen – ein chemisches Problem
Von Prof. Dr. Kurt Noack

Minnesinger und Troubadours
Von Prof. Dr. Theodor Frings

Umfang und Bedeutung der germanischen Siedlung in Nordgallien im 5. und 6. Jahrhundert im Spiegel der Sprache und der Ortsnamen
Von Prof. Dr. Walter von Wartburg

DIE HEFTE ERSCHEINEN IN ZWANGLOSER FOLGE

MIX
Papier | Fördert gute Waldnutzung
FSC® C083411

Zeitfracht Medien GmbH
Ferdinand-Jühlke-Straße 7
99095 Erfurt, Deutschland
produktsicherheit@kolibri360.de